Tous nos ouvrages sont disponibles aux

Éditions Decoopman
Ferrières
30440 Saint-Laurent-le-Minier
Tel : +33 (0)4.67.73.90.95
web : www.decoopman.com
e.mail : livres@decoopman.com

Olivier Lacaux
Jean Castanier

I.S.B.N. 978-2-36965-205-2
Dépôt légal : 2e trimestre 2024

Ouvrages parus
aux Éditions Decoopman
Collection « ***Sciences & Techniques*** »

Auto / Moto

- *Réfection d'un moteur Diesel* - Y. Valleix
- *Schémas électriques* - Y. Valleix
- *Réparation du démarreur Bosch* - Y. Valleix
- *Mise au point d'un moteur essence* - Y. Valleix
- *Anatomie de l'automobile* - F. Carlès
- *Embrayages & Feins* - R. Champly
- *Motocyclettes et side-cars* - M. Zerolo

Chemins de fer

- *La locomotive* - U. Lamalle & F. Legein
- *La machine locomotive* – E. Sauvage
- *Les chemins de fer* – A. Guillemin
- *Locomotive & Chemin de Fer* – L. Figuier

Électricité

- *Des électromoteurs* - T. du Moncel
- *La machine de Gramme* - A. Breguet
- *La bobine Ruhmkorff* - A. Loiseau

Horlogerie

- *Gnomonique* - G. Bigourdan
- *Comptage du Temps* - R. Baierlein
- *Manuel d'horlogerie* - P. Foucher
- *L'horloger à l'établi* - Schulz et Kames
- *Échappements d'horloges* - Ch. Gros
- *Encliquetages* - F. Balavoine
- *Échappements à ancre* - École de Cluses
- *Guide-manuel de l'Horloger* - C. Saunier
- *Histoire de l'Horlogerie* - P. Dubois
- *L'Horloger sonneries* - C. Poncet
- *L'Horloger* - C. Poncet
- *L'art de connaître les montres* - J. Gondy
- *L'art de l'Horlogerie enseigné en trente leçons* - Anonyme
- *Les merveilles de l'Horlogerie* - Graffigny
- *L'horlogerie électrique* - G. Tobler
- *Traité d'horlogerie moderne* - C. Saunier

Hydraulique

- *Traité d'hydraulique* - N. Boquillon
- *Machines destinées à l'élévation des eaux* - A. Morin

Marine

- *La Marine française* - F. Roux
- *Des bateaux aux couleurs de la Gironde* - F. Jouison
- *Abécédaire des forces sous-marines* - P. Nôtre & J. L. Vichot
- *La Marine de guerre* – L. Huard
- *La Marine de guerre – A. Sauvaire-Jourdan*
- *La navigation sous-marine* – G.L. Pesce
- *Les bateaux automobiles à pétrole* - R. Champly
- *Les paquebots à grande vitesse – M. Dumoulin*
- *Les Torpilles* – E. Hennebert
- *Sous-marins & submersibles - Max Laubeuf*
- *L'Artillerie moderne (Le monde industriel)* – L. Huard

Mécanique

- *507 Mouvements mécaniques* – H. Brown
- *760 mouvements mécaniques* - G. Vander Haeghen
- *Appareils d'obturation* - J. Gary et A. Druot
- *Des mécanismes élémentaires* - L.E. Loche
- *Engrenages & Transmissions* – G. Franche
- *Engrenages et vis sans fin* - R. Champly
- *Les Machines* – E. Collignon

Ouvrages parus
aux Éditions Decoopman
Collection « *Sciences & Techniques* »

Mécanique (suite)

- *Les mouvements mécaniques* - M. Nicaise
- *Mécanismes des machines* - H. Leblanc
- *Notions de technologie mécanique* - P. Beauvais
- *Organes de transmission* - R. Champly
- *Organes de machines* - J. Gary et A. Druot
- *Organes auxiliaires des machines* - R. Champly
- *Traité de mécanique industrielle* - S. Flachat
- *Traité pratique des engrenages* - L. Wève
- *Transmission du mouvement* - J. Gary et A. Druot

Métiers

- *Comment on devient forgeron* - R. Champly
- *Forges et fonderies* - G. Franche
- *La serrurerie* - H. Havard
- *Manuel du luthier* - Maugin & Maigne
- *Histoire de l'imprimerie* - P. Lacroix
- *L'art du luthier* - A. Tolbecque
- *Accordeur de pianos* - G. Huberson

Moteurs

- *Contribution française à l'évolution des moteurs* - M. Seruys
- *Le moteur Diesel d'automobile* - H. Petit
- *Notions sur les moteurs à explosion* - L. Lacoin
- *Le moteur deux temps* - L. Ventou-Duclaux
- *Moteurs d'aviation* - C. Martinot-Lagarde
- *Le moteur sans soupape Knight* - A. Contet
- *Les Moteurs* – H. de Graffigny
- *Les moteurs à vent* - R. Champly
- *Moteurs* - Max de Nansouty
- *Moteurs & Gazogènes* – L. Letombe

Moteurs Stirling

- *D'Asap à Rhombic 160* - D. Lyonnet
- *Fabriquer des moteurs Stirling* - A. Ross
- *Petits moteurs Stirling pour l'amateur* – D. Lyonnet

Vapeur

- *Le Clos Serpollet* - P. Dubarry de Lassalle
- *Catéchisme des Chauffeurs* - Collectif
- *Distribution de la vapeur* - M. Castelnau
- *Distribution de la vapeur* - A. Spineux
- *Gouvernails à vapeur Farcot* – J. Farcot
- *Histoire de la machine à vapeur* – R.H. Thurston
- *L'A.B.C. du Chauffeur* – H. Mathieu
- *Les bateaux à vapeur* – L. Figuier
- *Les Locomobiles* – L. Figuier
- *Les machines à vapeur* - J.P. Delaby
- *La machine à vapeur* – E. Sauvage
- *La Vapeur – A. Guillemin*
- *Tiroirs et distributeurs de vapeur* – A. Madamet

Yves VALLEIX

Réfection d'un moteur DIESEL

Ecorché d'un moteur Diesel récent

Avertissement

L'auteur n'est pas responsable des interprétations de l'ouvrage par le lecteur et des conséquences de ces interprétations. En règle générale le lecteur doit se référer dans tous les cas aux données du constructeur.

Attention

Certains constructeurs conseillent de monter à sec les différents organes

Pour notre part, nous suivons les conseils de Ferrari : nous montons tout à l'huile.

Les côtes et les jeux exprimés en 10000e de mm sont à titre indicatif.

Dans tous les cas consulter la notice du constructeur.

AVANT PROPOS

Formateur pendant trente-trois ans à l'AFPA (Agence de la Formation Pour Adultes), au service des *apprenants*, dans les métiers de la réparation automobile et poids lourd, j'ai vécu de près l'évolution de l'automobile.

Bien sûr, la réparation des moteurs a considérablement évolué, notamment avec les courroies de distribution.

Et puis, dans les années 90, l'électronique est apparue, sans aucun appareillage pour la contrôler. Très vite l'industrie s'est adaptée, mettant l'informatique au service de la mécanique, en proposant aux professionnels du secteur des ordinateurs de contrôle appelés « valises » – une révolution...

Malgré ce déferlement de nouveautés technologiques incessantes, la réparation intrinsèque des moteurs thermiques est toujours une question de nettoyage, de jeux de fonctionnement, de contrôle des pièces et de savoir-faire.

C'est justement ce savoir-faire que je souhaite partager dans ce livre. Il couvre la réparation et la technologie des moteurs 4 temps, Diesel et essence.

Disposé sous forme de fiches techniques, cet ouvrage, qui tient plus d'un manuel technique que d'un livre, a été organisé pour permettre à chacun de se repérer très facilement et de suivre pas à pas chaque opération de maintenance, de contrôle et de réparation.

Particulièrement adapté aux étudiants dans les métiers de l'automobile et du poids lourd, ce premier ouvrage sur la réparation d'un moteur intéressera au premier plan tous ceux qui souhaitent se lancer dans l'apprentissage de la mécanique automobile, mais également les passionnés qui rénovent des véhicules anciens.

Yves VALLEIX

Réfection d'un moteur Diesel à Injection directe

Moteur Renault 720- 01

Culasse

- Déposer le couvre culasse.
- Desserrer progressivement les écrous de la rampe de culbuteur.
- Récupérer les tiges de culbuteurs sans soulever les poussoirs.

- Desserrer progressivement les écrous de culasse en spirale de l'extérieur vers l'intérieur.

- Pour les culasses maintenues par des vis et pour éviter de remonter les chemises, cisailler le joint de culasse.

- Si nécessité :
  - Déposer les goujons.
  - Noter :
    - Leur emplacement en fonction de leur longueur.
    - Le dépassement de ces goujons.
    - Le côté du goujon qui est vissé dans le bloc.
- Si vous ne respectez pas ces consignes au remontage le bloc-moteur risque d'être détérioré à jamais.

- Déposer la culasse et brider les chemises.

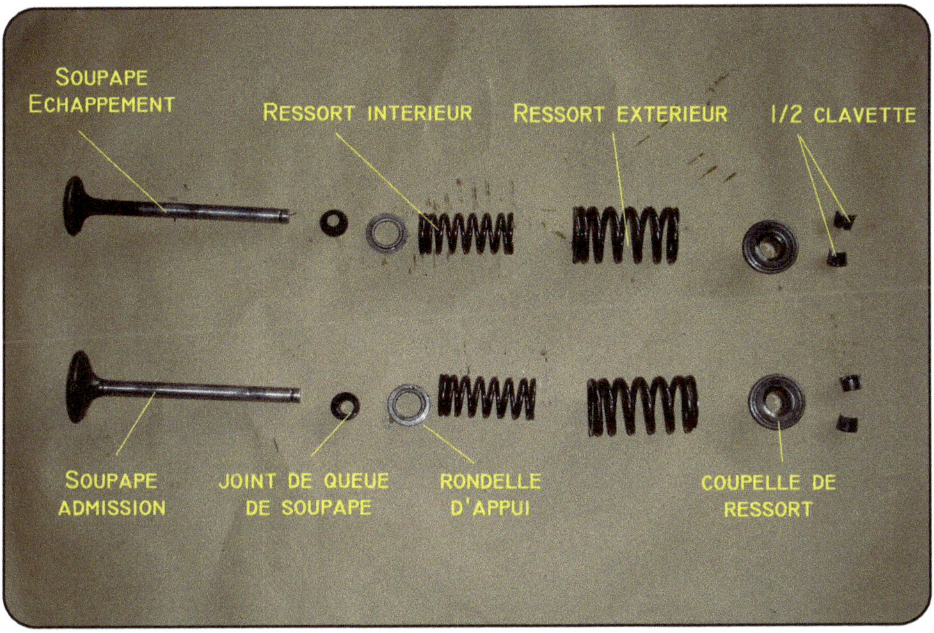

- Déposer les soupapes avec un lève soupape.
- Les positionner sur un support dans l'ordre de disposition sur la culasse
- La soupape d'échappement a un diamètre plus petit que la soupape d'admission pour un moteur équipé de deux soupapes.

- Contrôler :
    - L'épaisseur de la culasse.

- Le voile de la culasse
  - ≤ 2/10 000 de la longueur de la culasse en mm

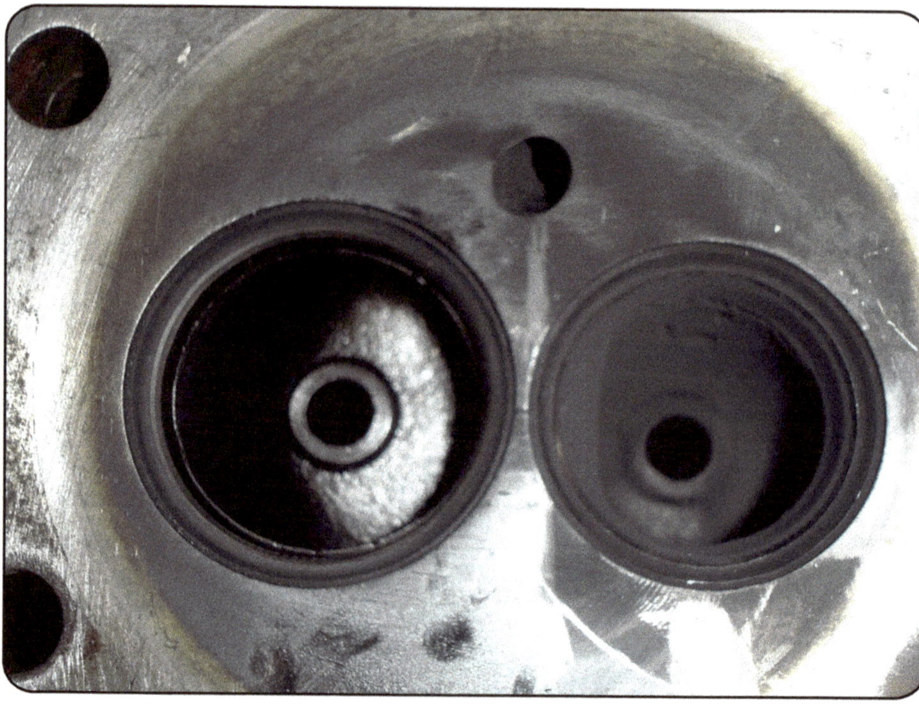

- Nettoyer la culasse.
- Contrôle visuel :
  - Des sièges de soupape.
  - Des chapelles
- Faire éprouver la culasse pour rechercher si elle n'est pas fendue.

- Contrôler les guides, les pastilles de dessablage.

- Contrôler le retrait des soupapes.

- Avec une soupape neuve contrôler l'usure des guides de soupape.

- Avec une soupape neuve :
  - ≤ 1/100 de la longueur de la soupape en mm.

- Roder les soupapes.
- Mettre de la pâte à roder sur la portée de la soupape.
- Avec le rode soupape tourner la soupape.
- Soulever et tourner d'un quart de tour la soupape.
- Continuer à roder jusqu'à la portée parfaite de la soupape sur son siège.
- Repérer les soupapes rodées par rapport au siège.
- Nettoyer les soupapes et la culasse pour enlever toute trace de pâte à roder.

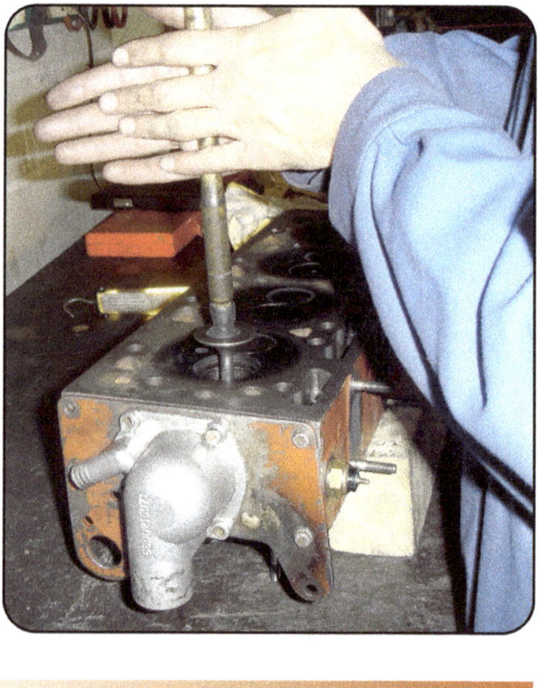

- Contrôler l'équerrage des ressorts.
  - $\leq 4/100$ de la longueur du ressort en mm
- Changer les joints de queue de soupape.
- Huiler les queues de soupape.
- Remonter les soupapes.
- Les spires jointives des ressorts vont contre la culasse.

ATTENTION.

. **Sur les moteurs récents il ne faut pas huiler les soupapes avant de les monter.**

- Nettoyer les plans de joints de culasse et du bloc-moteur à l'acétone.

- Remonter les goujons comme repérage à la dépose.

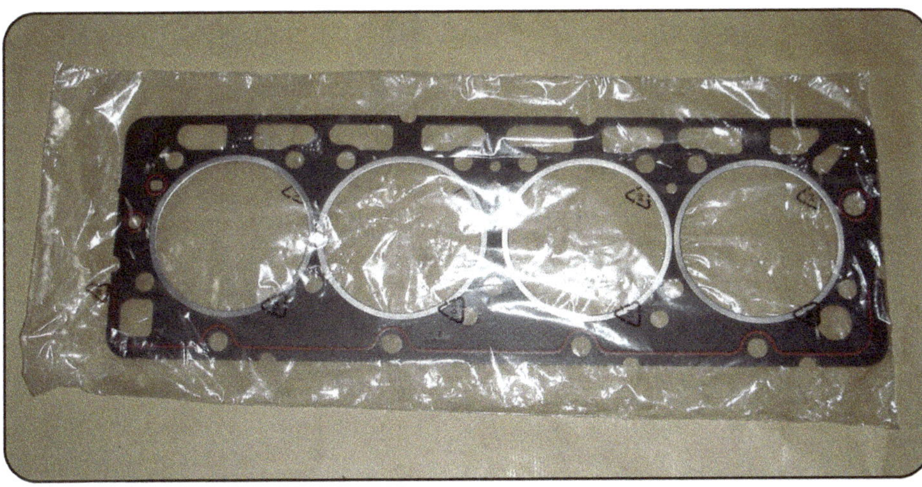

- Sortir le joint de culasse de son emballage au dernier moment.

- Poser le joint de culasse sur le bloc-moteur.
- L'inscription TOP contre la culasse.
- Le cas échéant utiliser des guides pour positionner le joint de culasse.

Attention

. **Ces guides doivent pouvoir être retirés quand la culasse est posée.**

- Serrage de la culasse : suivre les indications du constructeur.
- Au couple par exemple 12 mdaN
  - 1er : 3 mdaN ; 2e : 8 mdaN ; 3e : 12 mdaN.
  - Un serrage culasse est nécessaire après 1000 km.
- Sur les moteurs récents, les vis de culasse sont serrées avec des angles de serrage, par exemple : 3 mdaN + 90° + 90 ° + 90°
  - Premier serrage au couple de 3 mdaN
  - Deuxième serrage : 90°
  - Troisième serrage 90°
  - Quatrième serrage : 90°
- Un resserrage culasse n'est pas nécessaire.

- Poser les tiges de culbuteur.
- Vérifier qu'elles soient bien engagées dans les poussoirs.
- Monter la rampe de culbuteurs et la serrer progressivement.
- Régler le jeu aux soupapes.
- Mettre de l'huile sur la rampe de culbuteurs.
- Poser le couvre culasse avec son joint.

Distribution

- Repérer la position de la pompe d'injection.

- Déposer la poulie.
- Déposer le carter de distribution.
- Mettre le piston N° 1 au PMH.
- Rechercher les repères de calage de la distribution.

- Avec un jeu de cales vérifier le jeu entre dents.
- Jeu maxi 0,10 mm
- Déposer le pignon intermédiaire.

Attention

. **Pas à gauche pour ce moteur.**

- Déposer les poussoirs.
- Repérer leur emplacement.

Bas moteur

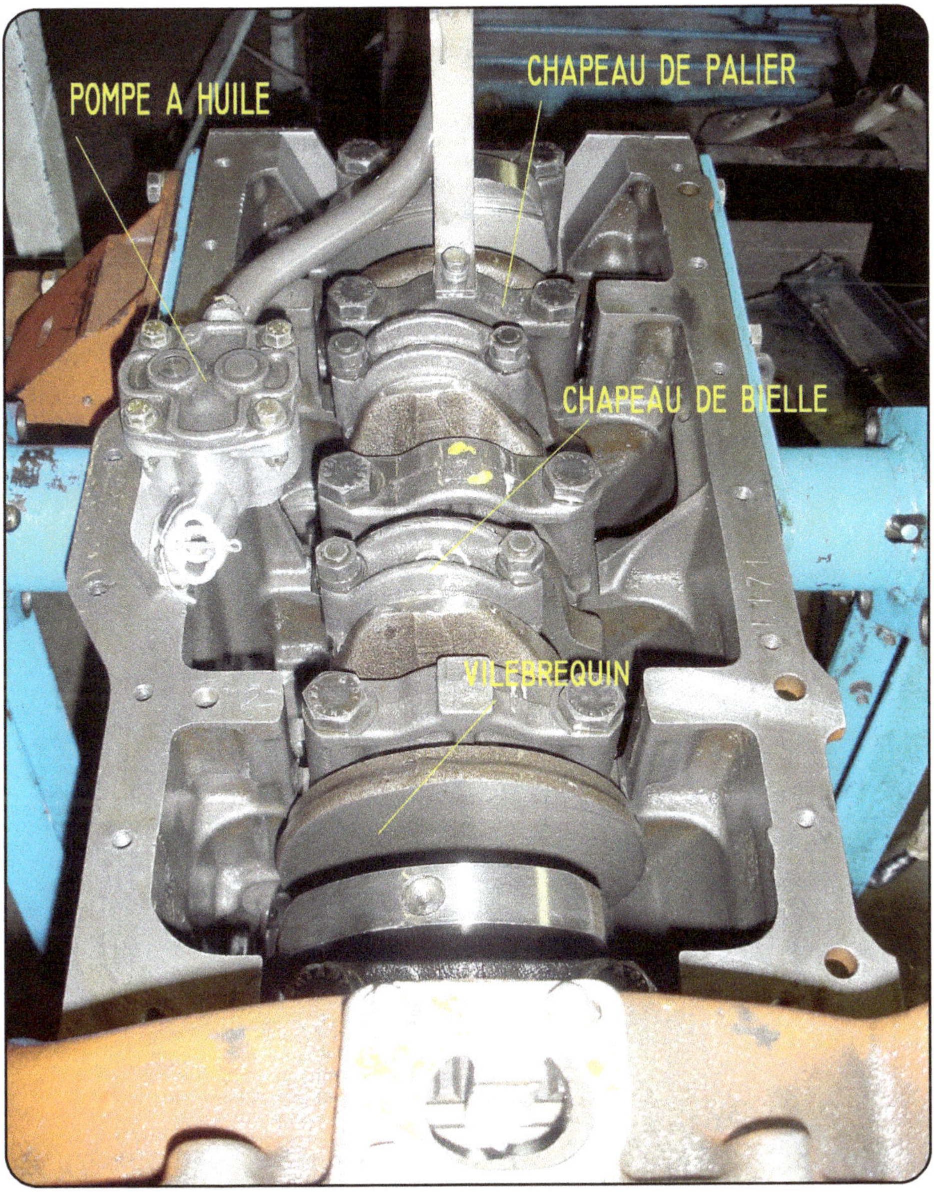

- Déposer le carter d'huile.
- Déposer la pompe à huile.

- Rechercher les repères ou repérer :
  - Les chapeaux de palier
  - Les chapeaux de bielle et les bielles.

- Repérage des bielles.
  - Sur les moteurs récents utiliser un crayon électrique pour ne pas affaiblir les bielles.

- Avec un jeu de cales vérifier le jeu axial ou latéral de chaque bielle.
    - Jeu compris entre 0,10 et 0,50 mm
    - Si le jeu est trop important il faut changer la bielle.

- Enlever les chapeaux de bielles et pousser les bielles avec un manche de marteau.

- Contrôler :
  - Le jeu latéral du vilebrequin.
    - Compris entre 0,10 et 0,50 mm
  - Le voile du volant moteur.
    - Voile maximal 2/10000e du diamètre moyen de la piste en mm.
- Récupérer le jeu avec un levier par exemple un gros tournevis.

- Vérifier la position du volant moteur au PMH du cylindre N° 1.
- Dans tous les cas, repérer le volant par rapport à la collerette du vilebrequin.

- Déposer :
  - Le volant,
  - Le carter du volant moteur.
- Vérifier l'état des dents de la grande couronne
  - Ci-dessus, la couronne de démarreur est à changer.

- Déposer l'arbre à cames.

- Déposer la plaque de distribution.

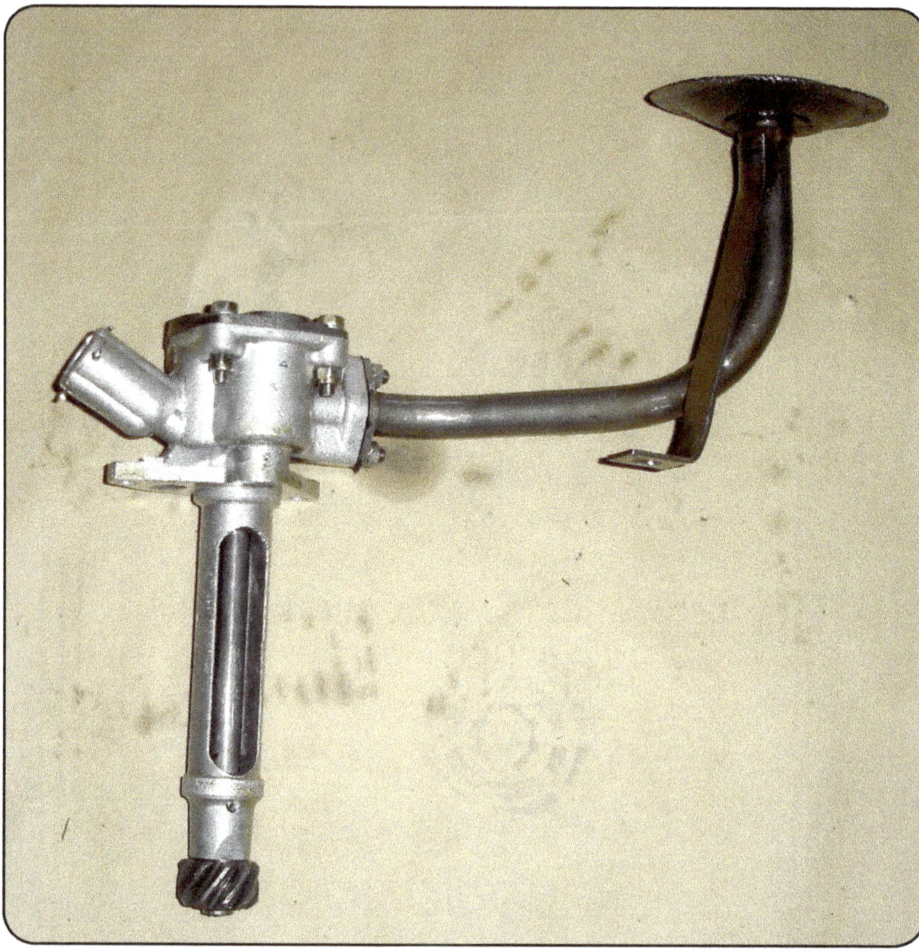

- Déposer le flasque de la pompe à huile.

Contrôle de la pompe à huile

- Contrôles visuels
- Du carter : absence de rayures.
- Des pignons : absence de rayures.

- Du flasque : absence de rayures.
  - Dans le cas contraire, poncer sur un marbre le flasque avec du papier à poncer de 400.

- Contrôle du clapet de décharge.
- Sur la pompe :
  - État du siège de la bille.
  - État de la bille.
  - État du ressort.
- Changer la goupille.

Contrôles métriques

- Avec un jeu de cales mesurer la distance entre les pignons et le carter.
  - Jeu inférieur à 1/10 de mm.

- Mesurer le jeu entre les dents des pignons.
  - Jeu maxi 1/10 de mm.

- Mesurer le retrait des pignons par rapport au plan de joint du carter.
  - Retrait maxi 1/10 de mm.

- Remonter la pompe si elle est en bon état.
- Dans le cas contraire en commander une.

- Déposer les chapeaux de palier du vilebrequin.
- Retirer les vis suffisamment pour les frapper avec un marteau tantôt sur l'une tantôt sur l'autre pour décoller le palier.
- Élinguer le vilebrequin et le sortir.

- Retirer les coussinets et vérifier l'inscription.
  - Ci-contre un demi-coussinet à la cote d'origine STD.

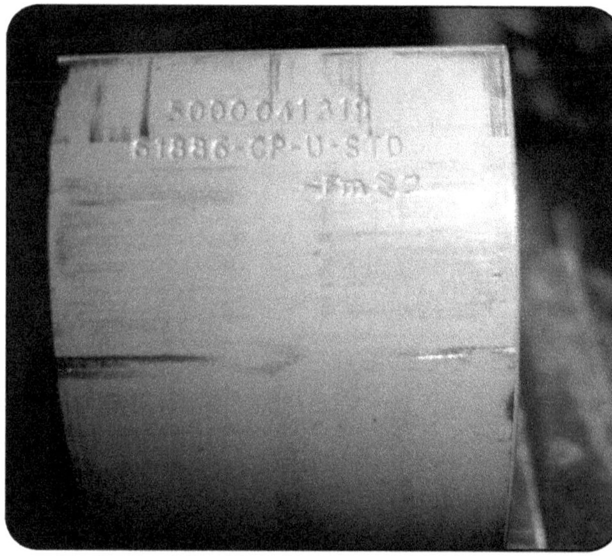

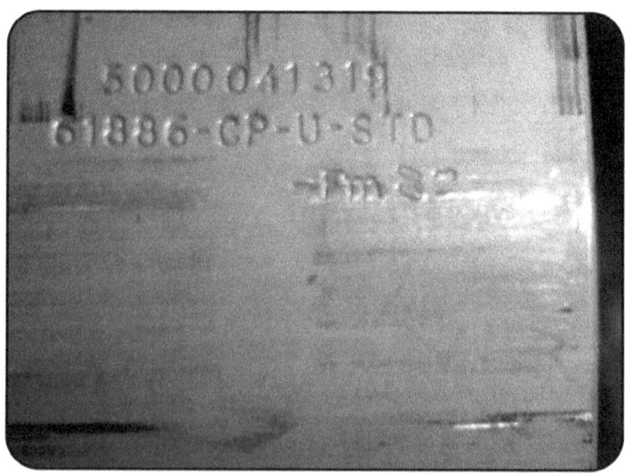

- Coussinet à la cote réparation de 0,25 mm.

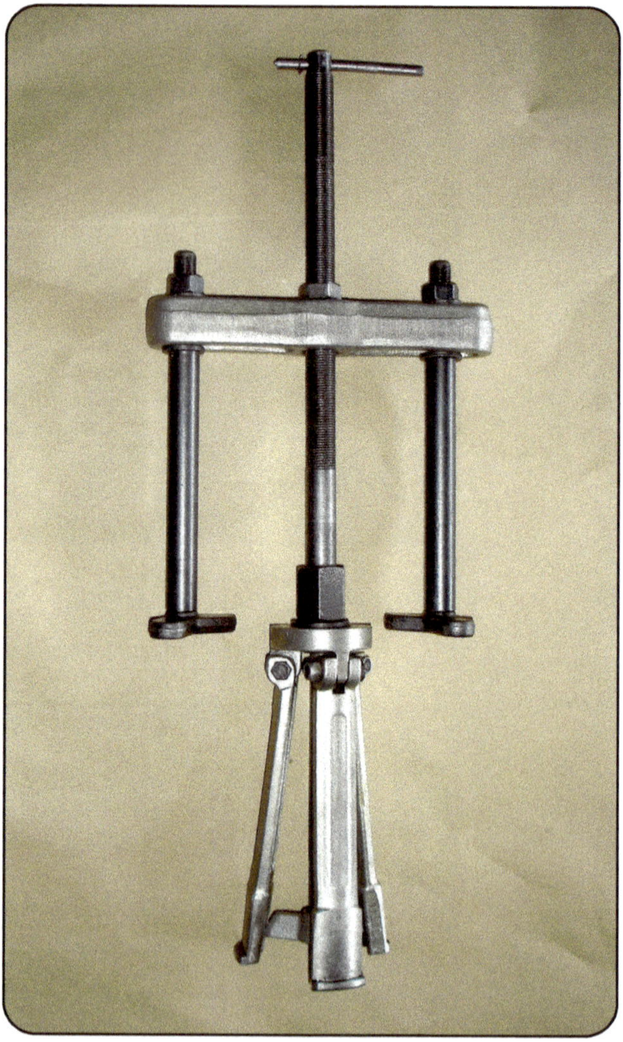

- Extracteur de chemise.

- Positionner l'extracteur sur l'embase de la chemise.

- Retirer la chemise avec l'écrou supérieur.

- Maintenir l'écrou de réglage de l'écarteur pour éviter de fendre la chemise.

- Repérer la chemise par un trait de scie sur le bord de la collerette du même côté que le repérage de la bielle.
  - I pour la chemise N° 1
  - II pour la chemise N° 2
  - III pour la chemise N° 3
  - IIII pour la chemise N°4
  - etc.

Bloc-moteur à chemises humides pendues.

- Contrôle du bloc-moteur.
  - Nettoyer et contrôler les embases des collerettes sur le bloc-moteur.

- Nettoyer et contrôler les embases des chemises sur le bloc-moteur.

- Contrôle de la planéité du plan de joint de culasse sur le bloc-moteur.

- Contrôle de la planéité du plan de joint du carter d'huile.
  - Le défaut de planéité du plan de joint peut indiquer un bloc-moteur vrillé.

- Contrôle du serrage des coussinets.
- Contrôle à réaliser sur chaque palier et sur chaque bielle.
  - 1 Placer les coussinets et les chapeaux.
  - 2 Serrer les vis au couple préconisé par le constructeur.
- Si les vis des chapeaux doivent être serrées avec une valeur angulaire, utiliser les vieilles vis.

- Desserrer les vis d'un côté du chapeau.

- Une cale de 0,05 mm doit être glissée entre le chapeau et le corps du bloc-moteur ou entre le chapeau et le corps de la bielle.
- Pour les chapeaux de bielle rainurés mettre de l'huile sur la portée
- Quand vous desserrez une vis, l'huile est « aspirée ». Dans le cas contraire :
  - Changer le bloc-moteur.
  - Changer la bielle.

- Contrôle de la flèche de l'arbre à came.
  - Inférieur à 0,05 mm.

- Contrôle de la flèche du vilebrequin
  - Flèche maxi 0,05 mm.

- Contrôle du diamètre et de l'ovalisation des tourillons et des manetons du vilebrequin.

- Toujours prendre d'abord les mesures avec un pied à coulisse.

- Toujours étalonner ou vérifier l'étalonnage d'un appareil de mesure avant son utilisation.
  - Ci-dessus la vérification de l'étalonnage d'un micromètre (palmer).

- Contrôle d'un tourillon avec un micromètre.

- Contrôle visuel de la chemise.

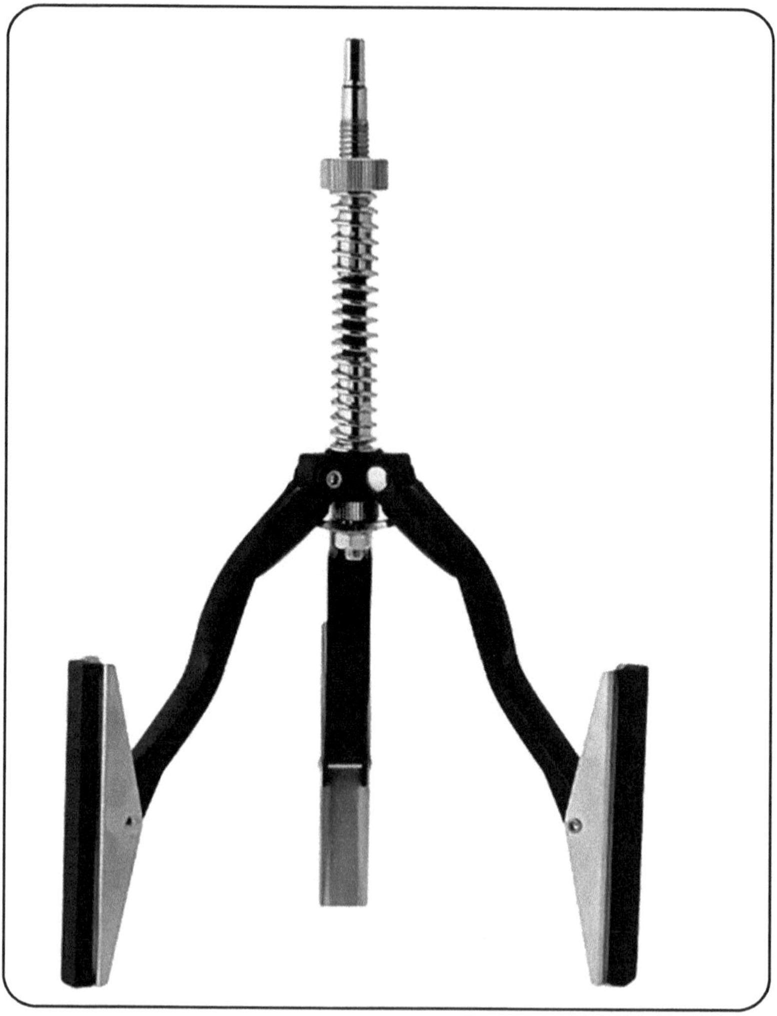

- Déglacer le cylindre avec un rodoir
- Lubrifier les pierres avec du pétrole.

Contrôle métrique du cylindre de la chemise

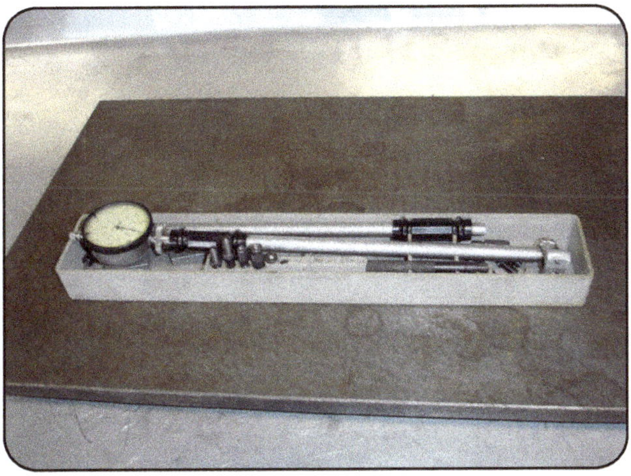

- Vérificateur d'alésage
  - Monter les piges et les ajuster au diamètre du cylindre.

- Rechercher la côte mini.
- Étalonner le comparateur au bas du cylindre.
- Rechercher la côte mini au bas du cylindre.
    - Normalement la côte maxi doit être en face du repère.

- Rechercher la côte maxi à mi-hauteur du cylindre.

- Rechercher la côte maxi à la hauteur du segment de feu.
    - La conicité ou l'ovalisation entre l'étalonnage du comparateur et les mesures relevées ne doit pas dépasser 0,15 mm.
    - Dans le cas contraire la chemise et le piston sont à remplacer.

- Sans les joints d'embase.
- Contrôle du dépassement des chemises.
    - ci-contre l'étalonnage du comparateur sur le bloc-moteur.

- Mesure du dépassement de la chemise pendue
- Faire la mesure sur trois points de la chemise à 120°.
    - Dépassement mini 0,02 mm.
    - Dépassement maxi 0,10 mm.

- Contrôle de l'affleurement de deux chemises contiguës.
  - Différence maxi 0,02 mm
- Étalonnage du comparateur sur la première chemise.

- Mesurer l'affleurement sur la deuxième chemise.

- Désolidariser le piston de la chemise.
- Serrer la bielle dans un étau muni de mordaches en aluminium.
- Le piston n'est pas serré dans les mors. Il repose sur ceux-ci.

- Avec la pince à segments déposer les segments.

- Faire le contrôle visuel des pistons.

- Avec un jeu de cales dynamométrique, à la perpendiculaire de l'axe de piston mesurer le jeu chemise piston.
  - Maxi 15/10 000 du diamètre du cylindre en mm.

- Avec un jeu de cales mesurer le jeu des segments dans les gorges du piston.
  - Maxi 0,10 mm sur 0,5 de la profondeur de la gorge.
  - Pour notre part c'est 0,02 mm.

- Tourner un mandrin en acier doux (XC20 maxi) pour extraire les axes de piston.
- Enlever un circlips sur les pistons.

- Extraire les axes de piston.

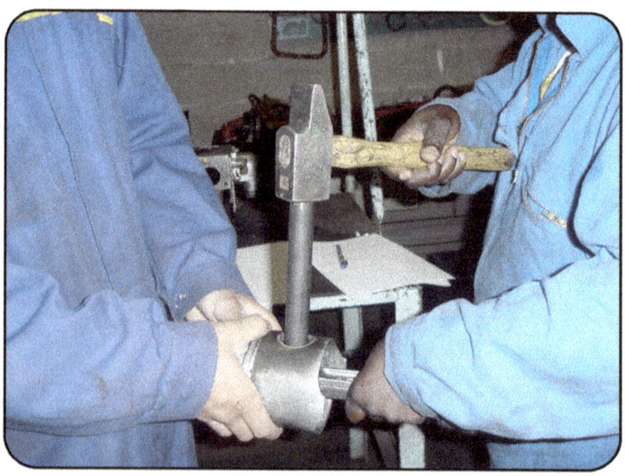

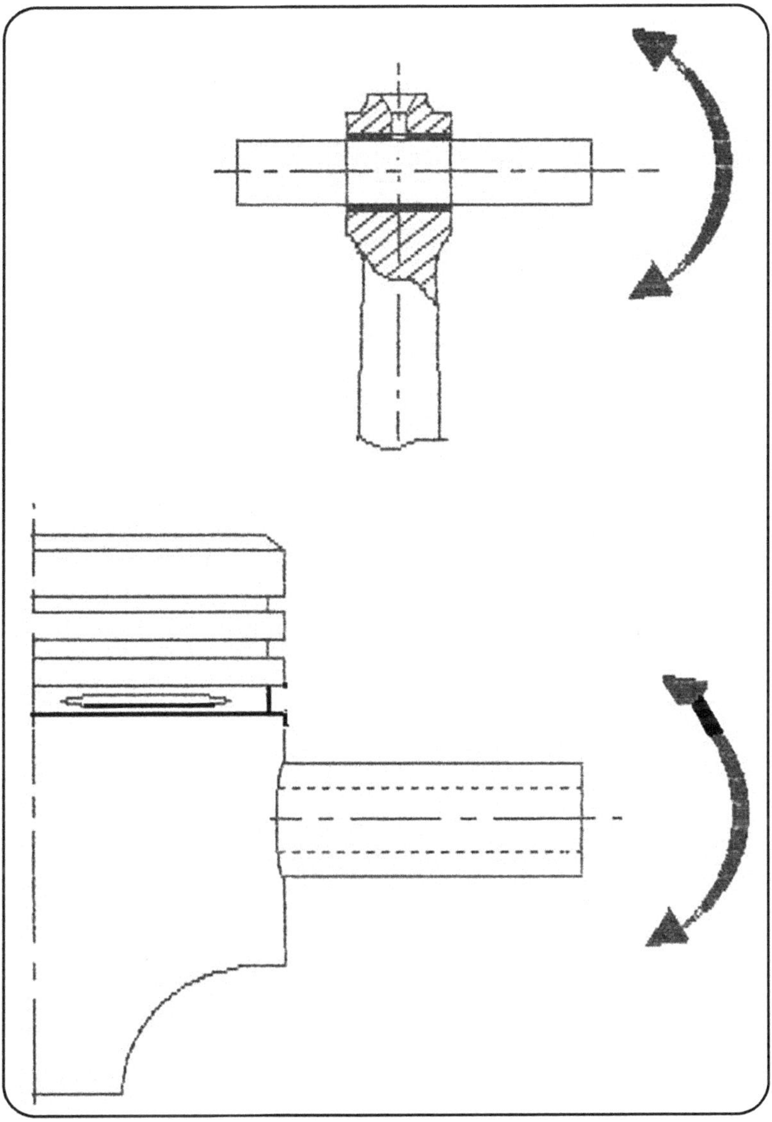

- Effectuer le contrôle visuel des bielles, du jeu de l'axe de piston dans le piston et dans le pied de bielle.

- Équerreuse de bielles.

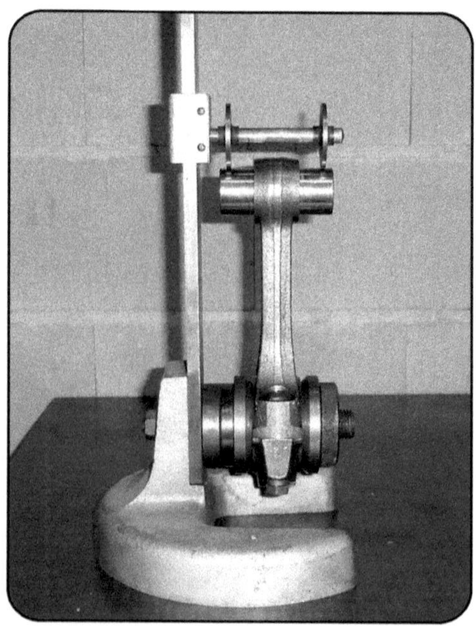

- Montage d'une bielle sur l'équerreuse.

Contrôle du flambage d'une bielle.

- Utiliser l'axe de piston correspondant à la bielle.
  - ≤ 6/10000 de la longueur de l'axe en mm.

- Contrôle du vrillage d'une bielle.
  - ≤ 9/10000 de la longueur de l'axe en mm.

- Mettre un circlips sur le piston.
- Chauffer les pistons à l'alcool à brûler pour les dilater.

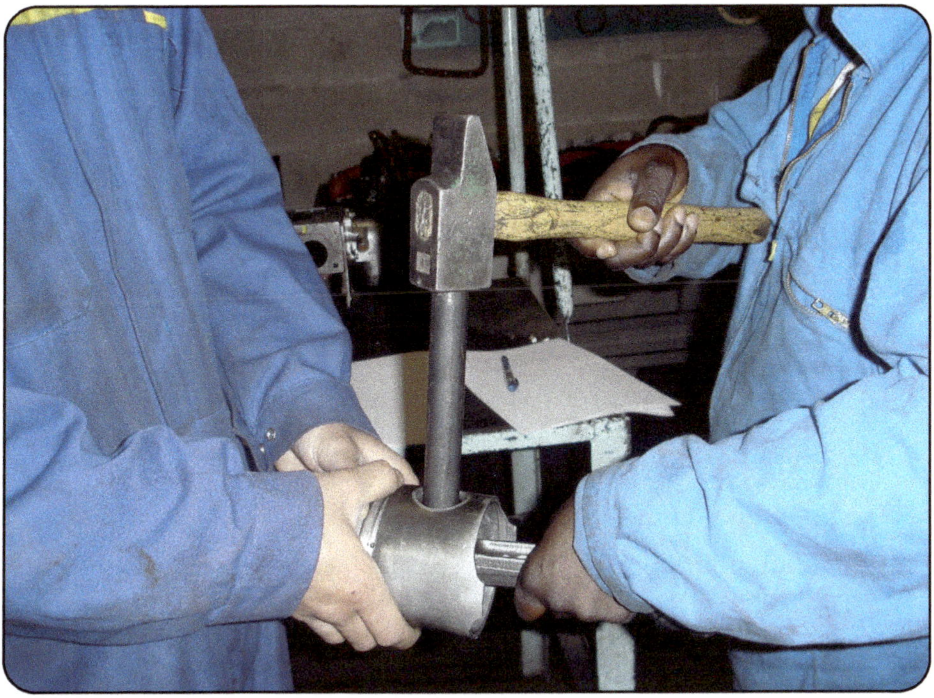

- Monter les pistons sur les bielles.
- Respecter l'orientation et l'ordre des pistons avec les bielles repérées.

Contrôle du jeu à la coupe des segments

- Pousser avec le piston le segment au fond de la chemise.
  - C'est là qu'elle est le moins usée.
  - De cette manière le segment est bien perpendiculaire à la chemise.

- Avec un jeu de cales mesurer le jeu à la coupe.
  - 3/10000 du diamètre de l'alésage en mm

Contrôle du jeu radial de l'embiellage.

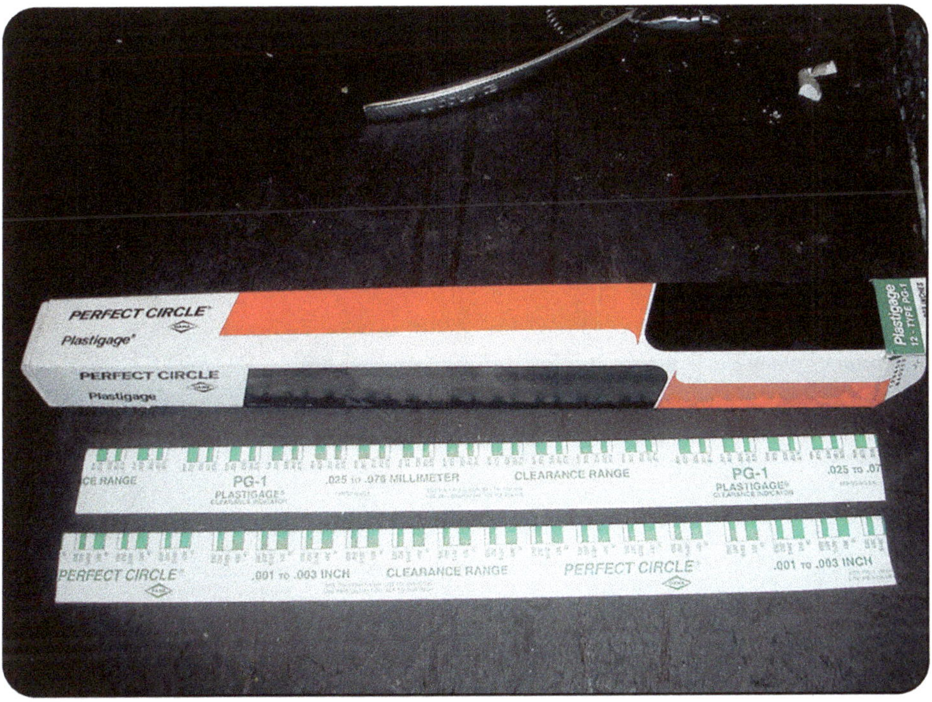

- Utiliser les fils calibrés de Perfect Circle pour le plastigage.
  - Il en existe trois de diamètres différents.
    - Le vert. Jeu compris entre 0,0254 et 0,076 mm
    - Le rouge, jeu compris entre 0,05 et 0,152 mm
    - Le bleu, jeu compris entre 0,1 et 0,23 mm
  - Ils correspondent chacun à une plage de jeu.

- Faire tremper dans de l'eau chaude à 80°C les fils plastiques.
- Monter les coussinets à sec.
- Poser le vilebrequin, les manetons inclinés à 30°.
- Poser axialement un fil plastique de la longueur de la soie du tourillon ou du maneton.
- Monter les paliers et les serrer au couple.
- Pour les paliers serrer au serrage angulaire, utiliser les vieilles vis.

. **Ne pas tourner le vilebrequin.**

- Déposer les paliers.
  - Avec l'enveloppe du fil mesurer la largeur du fil écrasé.

Paliers et bielles : Ø > 60 mm : mini = 8/10000 du Ø en mm
maxi = 15/10000 du Ø en mm

Ø ≤ 60 mm : mini = 3/10000 du Ø en mm
maxi = 12/10000 du Ø en mm

- Le jeu minimal doit toujours être ≥ 0,02 mm

- Faire de même pour les bielles.
  - Enlever le fil plastique avec du diluant de nettoyage et une petite palette de bois genre bâtonnet à glace.
- Enlever le vilebrequin et huiler les ½ coussinets.

- Mettre en place les cales latérales.
- Coté bloc.

Attention :

. **Métal antifriction contre le vilebrequin.**

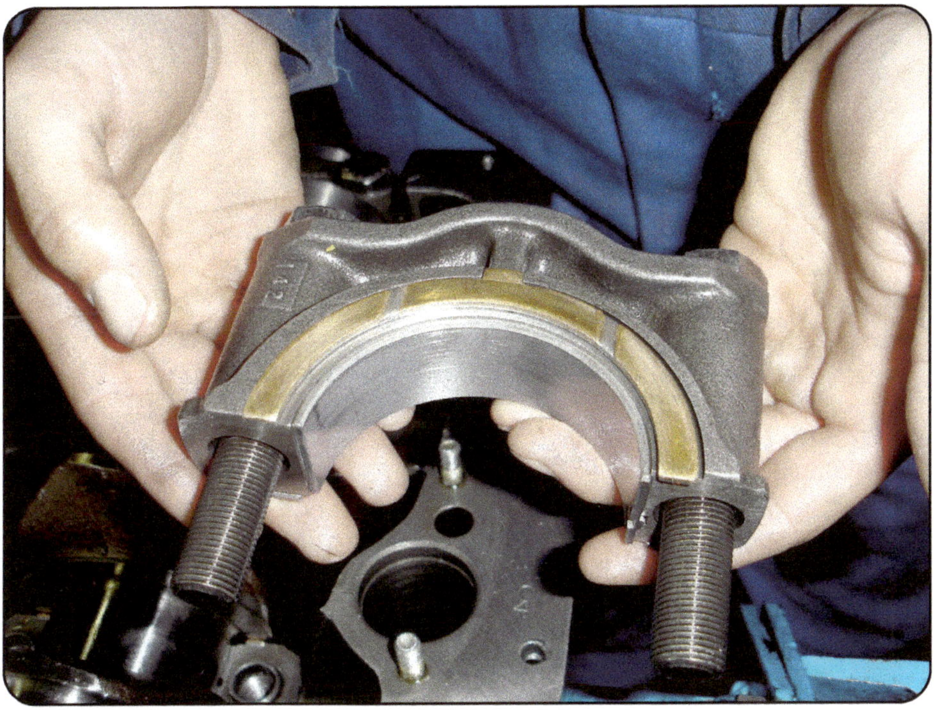

- Coté chapeau.

- Vérifier le jeu axial ou latéral du vilebrequin.
  - 01 à 05 mm

- À chaque serrage de chacun des chapeaux de palier, vérifier la rotation du vilebrequin.

- Si le vilebrequin bloque en rechercher la cause.
  - Par exemple l'inversion de sens d'un chapeau de palier.

- Monter le joint à lèvres avec son carter.
- Monter le carter du volant moteur.

- Monter le volant moteur et serrer en étoile les vis au couple.

Attention au positionnement du volant moteur.

- Cylindre N°1 au PMH.
- Repère PMH en face du repère fixe du carter du volant moteur.

- Vérifier le voile du volant moteur.
    - Voile maximal : 2/10 000 du diamètre moyen de la piste en mm.

- Récupérer les jeux avec un gros tournevis.

- Poser les segments sur les pistons.

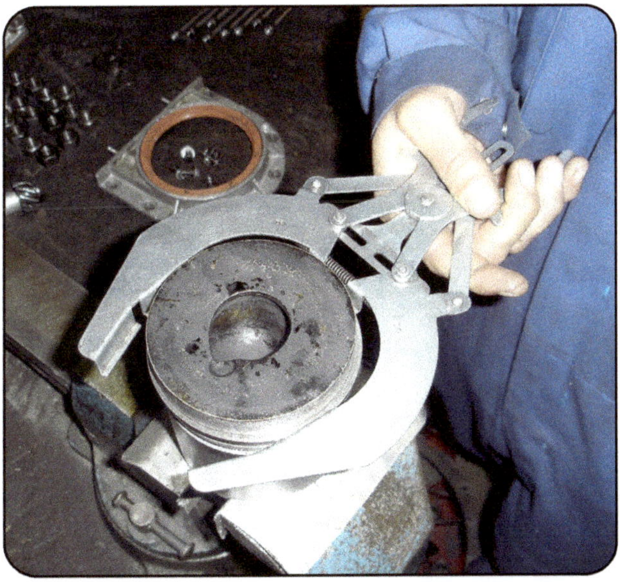

- Respecter le sens de montage.

- TOP vers la tête du piston

- Poser les joints d'embase sur les chemises.

- Lubrifier les joints d'embase avec du talc.

- Poser les chemises. Attention aux repères.

- Brider les chemises.

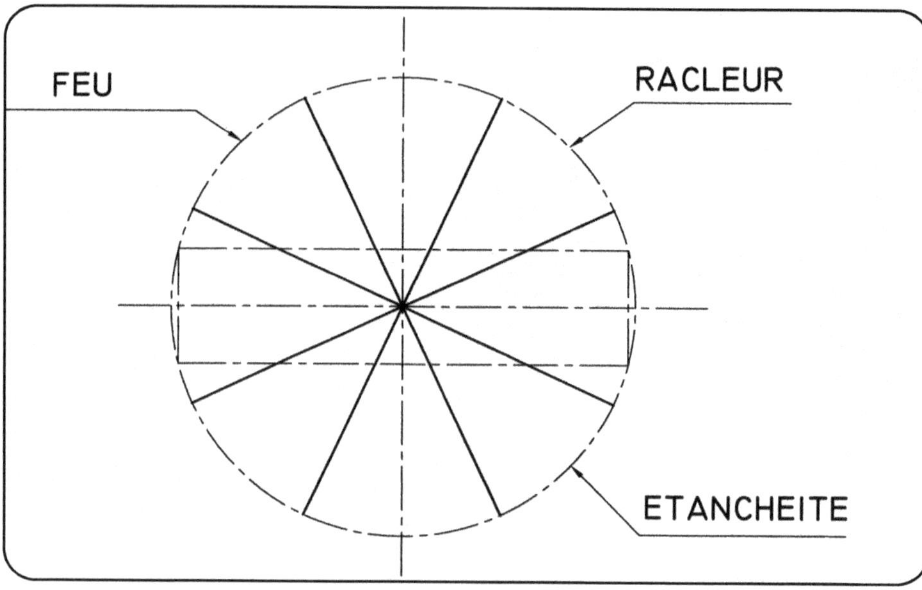

- Tiercer les segments.

- Huiler les pistons et les segments sauf sur les moteurs récents.

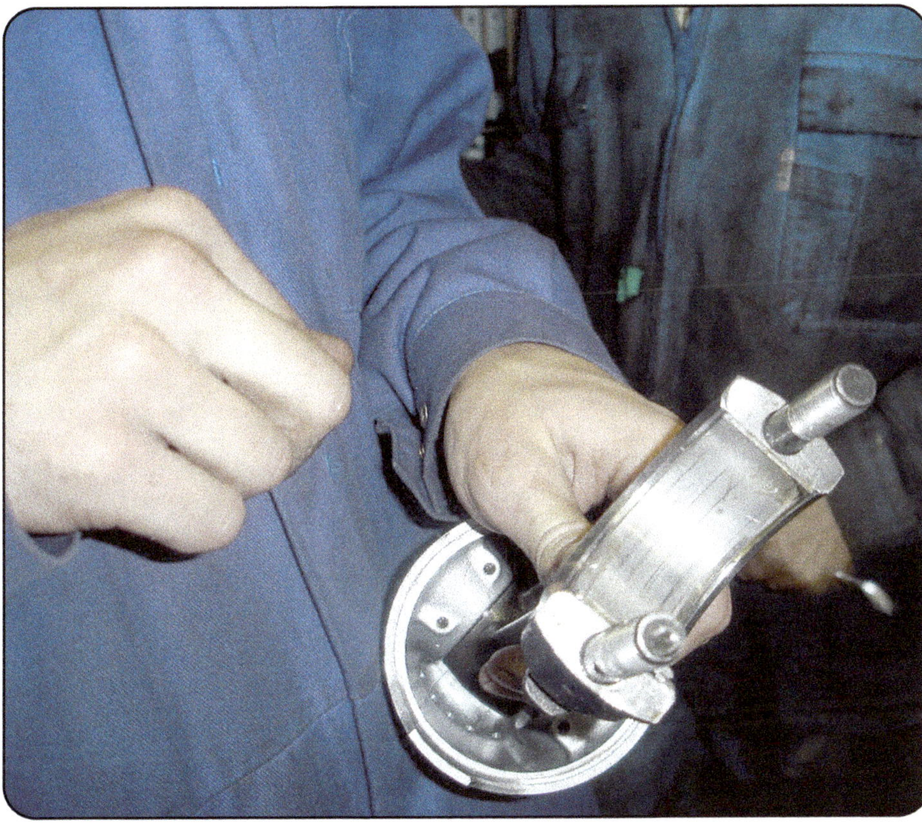

- Huiler les coussinets de bielle

- Comprimer les segments avec un collier à segments
- Positionner le maneton du cylindre concerné au PMB
- Orienter correctement la bielle et le piston.
- Pousser le piston avec le manche d'un marteau.

ATTENTION que le collier ne décolle pas du bloc. Il y a risque de casser des segments.

ATTENTION : sur les moteurs récents il ne faut pas huiler les segments mais les monter à sec.

- Si vous ne disposez pas de collier à segment il est possible d'usiner une vieille chemise

- Positionner le maneton du vilebrequin du cylindre concerné au PMH
- Positionner la fausse chemise à l'envers cône vers le haut.
- Orienter correctement la bielle et le piston.

- Pousser le piston avec un manche de marteau.
- Procéder par petits coups non violents.

- Brider les chemises pour effectuer ½ tour de vilebrequin.

- À chaque serrage des chapeaux de bielle vérifier la rotation du vilebrequin.

- Monter le joint de la plaque de distribution

- Monter la plaque de distribution.

- Insérer l'arbre à cames.

- Caler et monter le pignon de distribution intermédiaire.
  - Voir "distribution".

- Vérifier le jeu axial du pignon intermédiaire.
    - 0,1 à 0,4 mm
- Monter le carter de distribution avec un joint neuf.
- Monter la poulie moteur.

Attention :

- **Vérifier que la poulie s'enfonce correctement ; la clavette demi-lune peut tourner et empêcher la poulie de rentrer.**
- **Si l'on force avec la vis, la portée du joint à lèvre éclate et la poulie est Hors Service (HS).**

- Amorcer la pompe à huile dans un récipient propre avec de l'huile neuve.

- Poser la pompe à huile.
- Poser le carter inférieur avec un joint neuf.
- Changer le joint du bouchon de vidange et le serrer au couple.

- Rechercher le PMH du piston N° 1.

- Vérifier la coïncidence des repères sur le carter du volant moteur.

- Régler l'aiguille fixe en face du repère PMH.

Mesure du dépassement du piston

- Positionner avec précision le piston N° 1 au PMH avec le comparateur.
- Étalonner le comparateur à zéro sur le bloc.

- En déplaçant le pied du comparateur mesurer le dépassement du piston.
- Pour certains moteurs, cette côte est importante. Elle permet de déterminer l'épaisseur du joint de culasse.

Ce qu'il est déconseillé de faire

- Poncer sur un marbre, la face de contact des chapeaux de palier ou de bielle pour obtenir le serrage des demi-coussinets.

- Faire une bavure à l'aide d'un burin affûté sur la rainure d'une clavette demi-lune pour coincer la clavette.

- Redresser à la presse une bielle flambée.

- Dévriller à l'établi une bielle vrillée.

Sortir un roulement d'un trou borgne

- Sortir un roulement d'un trou borgne n'est pas toujours facile.
- Avec un arrache il faudrait avoir trois mains.
- Voici une méthode qui en surprendra plus d'un mais qui est efficace et peu chère.

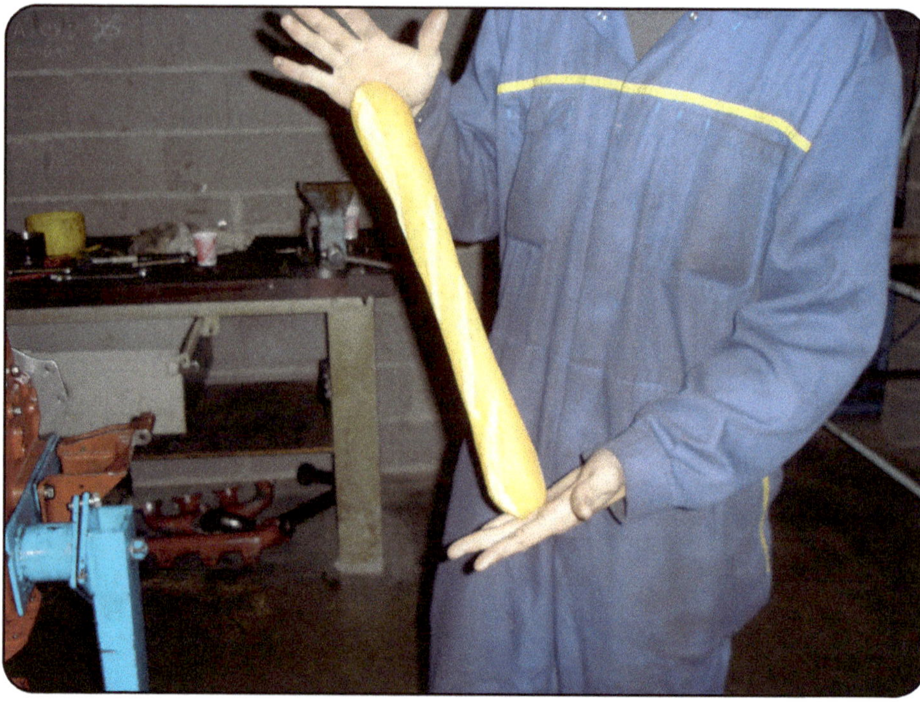

- Acheter une baguette fraîche.
- En extraire la mie

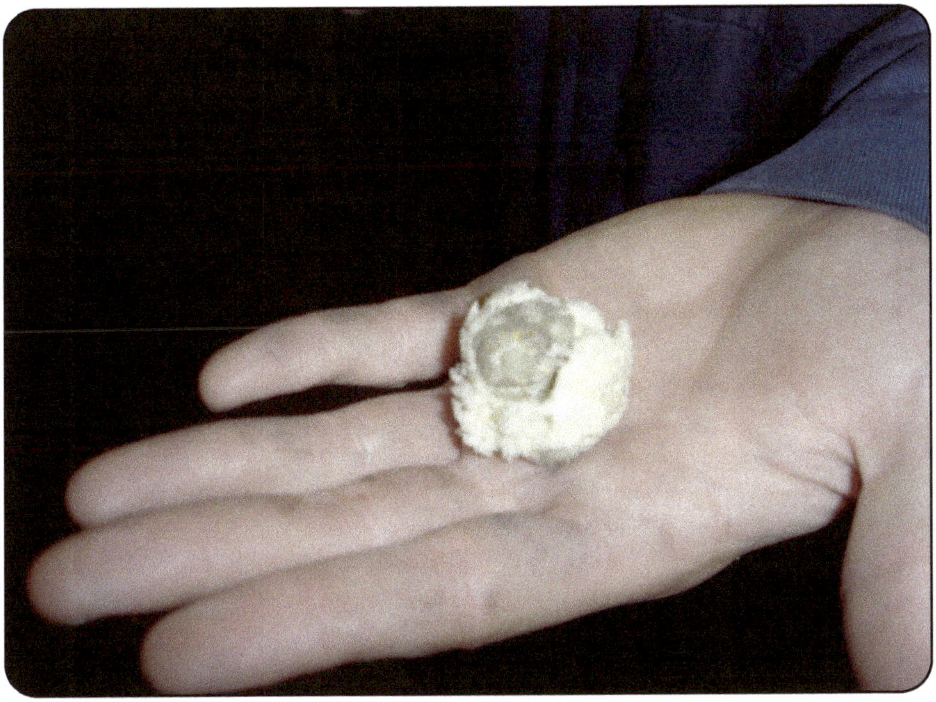

- Malaxer la mie pour obtenir une matière élastique.

- Remplir la cavité avec la mie de pain malaxée.

- Frapper sur un jet du diamètre intérieur du roulement.
- La mie de pain se comporte comme un fluide très visqueux qui repoussera le roulement.
- Avec cette méthode nous avons extrait des 6206 étanches.

Magique, non, et merci à l'ancien qui nous a donné la combine.

Échange d'une couronne de démarreur

- L'état des dents de la couronne ci-dessus nécessite son changement.

ATTENTION :

. **À faire seulement si l'échange de la couronne est prévu.**

. **Si c'est le retournement de la couronne sauter cette étape.**

- Frapper fort entre les dents tous les 90°. Cette opération a pour but d'allonger la couronne.

- Chasser la couronne sur tout son pourtour progressivement.

- Outillage nécessaire à l'échange d'une couronne.
- Naturellement il faut aussi un chalumeau avec un bec de 1000.

- Positionner la couronne dans son sens de montage.
- Sur des briques réfractaires chauffer uniformément la couronne.
- En absence de briques réfractaires vous pouvez
- Utiliser des fers U.
- Ne pas chauffer sur du béton, vous feriez éclater celui-ci.

- Toucher la couronne avec le fil d'étain.
- Quand l'étain forme la goutte, la couronne est suffisamment chauffée (280°)

- Avec les deux pinces, saisir la couronne et la présenter sur le volant moteur.

- Refroidir la couronne avec de l'eau.

Attention

. **de ne pas se brûler avec la vapeur d'eau.**

- Si des entrées de dents sont nécessaires, les faire à la lime tiers-point.

Table des Matières

Sciences & Techniques
Yves VALLEIX
RÉFECTION D'UN MOTEUR DIESEL
Decoopman

Sciences & Techniques
Yves VALLEIX
RÉPARATION D'UN DÉMARREUR BOSCH KB
Decoopman

Sciences & Techniques
Yves VALLEIX
MISE AU POINT D'UN MOTEUR ESSENCE
Decoopman

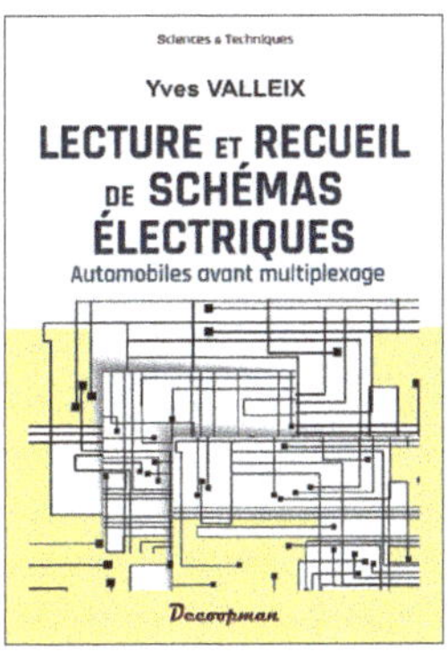

Sciences & Techniques
Yves VALLEIX
LECTURE ET RECUEIL DE SCHÉMAS ÉLECTRIQUES
Automobiles avant multiplexage
Decoopman

Sciences & Techniques anciennes
Henri PETIT
Le moteur Diesel d'automobiles
Decoopman

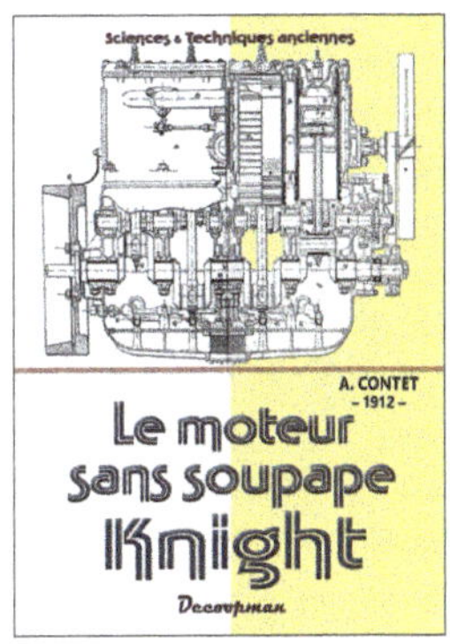

Sciences & Techniques anciennes
A. CONTET
- 1912 -
Le moteur sans soupape Knight
Decoopman

Sciences & Techniques anciennes
Louis LACOIN - 1928
Notions sur les moteurs à explosion
Decoopman

Sciences & Techniques anciennes
Henri PETIT - 1939
L'électricité dans la Voiture automobile
Decoopman

Sciences & Techniques anciennes
René Champly
Embrayages et Freins
Decoopman

www.ingramcontent.com/pod-product-compliance
Lightning Source LLC
LaVergne TN
LVHW052139041026
849558LV00042B/545